José Martin Glavas

# Análisis de Agentes Físicos y Químicos en Salud Ocupacional

José Martin Glavas

# Análisis de Agentes Físicos y Químicos en Salud Ocupacional

## Calidad del Aire, Ruido Ambiental y Carga Térmica

Editorial Académica Española

**Imprint**

Any brand names and product names mentioned in this book are subject to trademark, brand or patent protection and are trademarks or registered trademarks of their respective holders. The use of brand names, product names, common names, trade names, product descriptions etc. even without a particular marking in this work is in no way to be construed to mean that such names may be regarded as unrestricted in respect of trademark and brand protection legislation and could thus be used by anyone.

Cover image: www.ingimage.com

Publisher:
Editorial Académica Española
is a trademark of
Dodo Books Indian Ocean Ltd. and OmniScriptum S.R.L publishing group

120 High Road, East Finchley, London, N2 9ED, United Kingdom
Str. Armeneasca 28/1, office 1, Chisinau MD-2012, Republic of Moldova, Europe
Printed at: see last page
**ISBN: 978-613-9-44010-8**

<table>
<tr><th>ÍNDICE</th><th>Página</th></tr>
<tr><td>A- Trabajo final evaluación de calidad de aire en ambiente (mediciones: material particulado, multigases y calidad ambiental)</td><td>2</td></tr>
<tr><td>Resumen</td><td>2</td></tr>
<tr><td>1- Introducción</td><td>4</td></tr>
<tr><td>2- Desarrollo</td><td>8</td></tr>
<tr><td>3- Conclusiones</td><td>18</td></tr>
<tr><td>4- Referencias</td><td>18</td></tr>
<tr><td>B- Trabajo final evaluación de ruido audible según norma IRAM Nº 4062/2016 (ruidos molestos al vecindario)</td><td>19</td></tr>
<tr><td>Resumen</td><td>19</td></tr>
<tr><td>1- Introducción</td><td>20</td></tr>
<tr><td>2- Ecuaciones y tablas</td><td>25</td></tr>
<tr><td>3- Desarrollo</td><td>27</td></tr>
<tr><td>4- Conclusiones</td><td>33</td></tr>
<tr><td>5- Referencias</td><td>33</td></tr>
<tr><td>C- Trabajo final evaluación de carga térmica según Ley de Higiene y Seguridad en el Trabajo Nº 19587/1972 y su Decreto Reglamentario Nº 351/1979</td><td>34</td></tr>
<tr><td>Resumen</td><td>34</td></tr>
<tr><td>1- Introducción</td><td>35</td></tr>
<tr><td>2- Desarrollo</td><td>38</td></tr>
<tr><td>3- Conclusiones</td><td>46</td></tr>
<tr><td>4- Referencias</td><td>47</td></tr>
</table>

# A- TRABAJO FINAL EVALUACIÓN CALIDAD DE AIRE EN AMBIENTE (MEDICIONES: MATERIAL PARTICULADO, MULTIGASES Y CALIDAD AMBIENTAL).

Ing. Qco. José Martín Glavas

*Campus Facultad de Ciencias Agrarias de la Universidad Nacional del Nordeste (UNNE) – Ciudad de Corrientes – Junio 2022*
*josemartinglavas18@gmail.com*

## RESUMEN

Informe técnico de evaluación calidad de aire en el Campus de la Facultad de Ciencias Agrarias de la Universidad Nacional del Nordeste (UNNE) para determinar las cantidades y concentraciones de partículas y multigases, así como también la calidad ambiental pueden ayudar a determinar si existe un problema ambiental (contaminación). Localizar el origen de estos diversos contaminantes pueden ayudar a determinar métodos eficaces de reducción de estos y a la mejora de la calidad del aire. Estas mediciones se detallan a continuación:

a) Material particulado (PM) por medio del Contador de Partículas, Marca Tenma, Modelo ST – 9880 que sirve para medir el número y tamaño de partículas en el aire. Los datos obtenidos sirven para medir la contaminación debido al polvo fino presente en dicho campus. Para calcular los datos este aspira aire durante un tiempo que se selecciona y calcula el número y el tamaño de partículas contenidas en él. Al hacerla considera de igual manera las partículas de tamaño 0,3; 0,5; 1,0; 2,5; 5,0 y 10,0 µm. Se indica a través de una escala de colores la contaminación ambiental para una partícula del tamaño que selecciona el usuario (véase Norma ISO N° 14644 – 1: 2015 pág. N° 6); todas las mediciones realizadas están dentro del rango del color verde (permitido) de esta norma. Además, del número de partículas contadas se indican la temperatura, la humedad del aire, así como el punto de rocío calculado en base a ellas, y la temperatura de bulbo húmedo.

b) Multigases a través del Detector de Gases, Marca Dräger, Modelo X – am 2500 para la supervisión continua de la concentración de varios gases en el aire ambiente, dicha concentración se mide en ppm (partes por millón). Medición independiente de hasta 6 gases correspondiendo con los sensores Dräger instalados. Ellos son: Oxígeno ($O_2$), Monóxido de Carbono (CO), Sulfuro de Hidrógeno ($SH_2$), Metano ($CH_4$), Dióxidos de Nitrógeno ($SO_2$) y de Azufre ($SO_2$). Los Valores Hallados están dentro de los Valores Aceptados del Anexo III del Decreto Reglamentario N° 351/1979 de la Ley N° 19587/1972.

c) Calidad ambiental por medio del Mini Medidor de Calidad Ambiental, Marca Sper Scientific y Modelo N° 850027; cuyos factores se miden a través de: Velocidad del Aire (metros/segundos), Flujo de Aire (CMM), Viento Fresco (°C), Humedad Relativa (%), Temperatura Punto de Rocío (°C), Temperatura de Bulbo Húmedo (°C), Índice de Calor (°C), Presión Barométrica (hPa) y Altitud (metros). El Índice de Calor cumple con la Tabla del Índice de Calor del Departamento Nacional de Meteorología de Estados Unidos (véase Tabla N° 2 pág. N° 15).

**Palabras Claves:** Evaluación, Calidad, Aire, Ambiental, Industrial.

# 1. INTRODUCCIÓN.

La contaminación del aire es uno de los problemas ambientales más importantes, y es, en gran parte, el resultado de las actividades del hombre. Las causas que originan esta contaminación son diversas, pero el mayor índice es provocado por las actividades industriales, domésticas, agropecuarias, vehiculares, entre otras.

La combustión empleada para obtener calor, generar energía eléctrica o movimiento, es el proceso más significativo de emisión de contaminantes. Existen otras actividades, tales como la fundición y la producción de sustancias químicas, que pueden provocar el deterioro de la calidad del aire si se realizan sin control alguno.

El aire puro es una mezcla gaseosa compuesta por un 78 % de $N_2$ (Nitrógeno), un 21 % de $O_2$ (Oxígeno) y un 1 % de diferentes compuestos totales como el Ar (Argón), el $CO_2$ (Dióxido de Carbono) y el $O_3$ (Ozono). Se entiende, por contaminación atmosférica, cualquier cambio en el equilibrio de estos componentes, lo cual altera las propiedades físicas y químicas del aire.

Los valores CMP (Concentración Máxima Permisible ponderada en el tiempo) o TLV (Threshold Limit Value o Valor Límite Umbral) hacen referencia a concentraciones de sustancias que se encuentran en suspensión en el aire (véase Anexo III del Decreto Reglamentario N° 351/1979 de la Ley N° 19587/1972).

Sin embargo, dada la gran variabilidad en la susceptibilidad individual, es posible que un pequeño porcentaje de trabajadores experimenten malestar ante algunas sustancias o concentraciones iguales o inferiores al límite umbral, mientras que un porcentaje menor puede resultar afectado más seriamente por el agravamiento de una condición que ya existía anteriormente o por la aparición de una enfermedad profesional.

Los valores CMP se basan en la información disponible obtenida mediante la experiencia en la industria, la experimentación humana y animal, y cuando es posible, por la combinación de las tres. La base sobre la que se establecen los valores de CMP puede diferir de una sustancia a otra, para unas, la protección contra el deterioro de la salud puede ser un factor que sirva de guía, mientras que para otras la ausencia razonable de irritación, narcosis, molestias u otras formas de malestar puede constituir el fundamento para fijar dicho valor. Los daños para la salud considerados se refieren a aquellos que disminuyen la esperanza de vida, comprometen la función biológica, disminuyen la capacidad para defenderse de otras sustancias tóxicas o procesos de enfermedad, o afectan de forma adversa a la función reproductora o procesos relacionados con el desarrollo.

<u>Definiciones:</u>

a. CMP (Concentración Máxima Permisible Ponderada en el Tiempo): Concentración media ponderada en el tiempo para una jornada laboral de trabajo de 8 horas/día y una semana laboral de 40 horas, a la que se cree pueden estar expuestos casi todos los trabajadores repetidamente día tras día, sin efectos adversos.

b. CMP – CPT (Concentración Máxima Permisible para Cortos Períodos de Tiempo): Concentración a la que se cree que los trabajadores pueden estar expuestos de manera continua durante un corto espacio de tiempo sin sufrir: 1) irritación, 2) daños crónicos o irreversibles en los tejidos, o 3) narcosis en grado suficiente para aumentar la probabilidad de lesiones accidentales, dificultar salir por sí mismo de una situación de peligro o reducir circunstancialmente la eficacia en el trabajo, y siempre que no se sobrepase la CMP diaria. No es un límite de exposición independiente, sino que más bien complementa al límite de la media ponderada en el tiempo cuando se admite la existencia de efectos agudos de una sustancia cuyos efectos tóxicos son, primordialmente, de carácter crónico. Las concentraciones máximas para cortos períodos de tiempo se recomiendan solamente cuando se ha denunciado la existencia de efectos tóxicos en seres humanos o animales como resultado de exposiciones intensas de corta duración.

La CMP – CPT se define como la exposición media ponderada en un tiempo de 15 minutos, que no se debe sobrepasar en ningún momento de la jornada laboral, aun cuando la media ponderada en el tiempo que corresponda a las ocho horas sea inferior a este valor límite. Las exposiciones por encima de CMP – CPT hasta el valor límite de exposición de corta duración no deben tener una duración superior a 15 minutos ni repetirse más de cuatro veces al día. Debe haber por lo menos un período de 60 minutos entre exposiciones sucesivas de este rango. Se podría recomendar un periodo medio de exposición distinto de 15 minutos cuando lo justifiquen los efectos biológicos observados.

c. CMP – C (Concentración Máxima Permisible – Valor Techo (C): es la concentración que no se debe sobrepasar en ningún momento durante una exposición en el trabajo. En la práctica convencional de la higiene industrial, si no es posible realizar una medida instantánea, el CMP – C se puede fijar cuando las exposiciones son cortas mediante muestreo durante un tiempo que no exceda los 15 minutos, excepto para aquellas sustancias que puedan causar irritación de inmediato.

Se llama material particulado (PM) a la mezcla de partículas en suspensión que alteran la atmósfera, de diferentes características fisicoquímicas y procedentes de diversos orígenes y fuentes de emisión. Las partículas pueden actuar como medio en el que ocurren determinadas reacciones químicas, núcleos de condensación o elementos capaces de dispersar, absorber y emitir radiaciones.

Según su diámetro, el material particulado se clasifica en:

➢ Partículas PM 10 (de diámetro inferior a 10 μm): Son principalmente partículas primarias emitidas directamente a la atmósfera por fenómenos naturales y actividades humanas; debido a su tamaño tienden a depositarse cerca de su lugar de origen y presentan mayor capacidad de acceso a las vías respiratorias y por lo tanto mayor afección a las mismas.

➢ Partículas PM 2,5 (de diámetro inferior a 2,5 μm): Se componen mayoritariamente de partículas secundarias resultantes de procesos químicos o reacciones en fase líquida de sustancias como $NO_2$ (Dióxido de Nitrógeno), $SO_2$ (Dióxido de Azufre), VOC (Vapores Orgánicos Volátiles), $NH_3$ (Amoníaco), etc.; debido a su reducido tamaño se mantienen en suspensión largo tiempo, se desplazan a grandes distancias y se depositan en la parte más profunda del sistema respiratorio, quedando atrapadas y pudiendo generar efectos más severos sobre la salud.

<u>Límites de alarma para la concentración de partículas:</u>

Norma ISO N° 14644 – 1: 2015 (véase Tabla N°1) se refiere a la clasificación de la limpieza del aire, según dicha norma se realiza exclusivamente en términos de concentración de partículas suspendidas. Asimismo, para la clasificación según esta norma, se consideran partículas con dimensiones definidas en un rango de 0,1 hasta 5 μm (ppm = partes por millón).

Recuento de partículas leídas, agrupadas por color, verde (permitido), amarillo (precaución) y rojo (peligro), se muestran para cada canal:

Tabla N° 1

| Canal | Verde (Permitido) | Amarillo (Precaución) | Rojo (Peligro) |
|---|---|---|---|
| 0,3 μm | 0 ~ 100000 | 100001 ~ 250000 | 250001 ~ 500000 |
| 0,5 μm | 0 ~ 35200 | 35201 ~ 87500 | 87501 ~ 175000 |
| 1,0 μm | 0 ~ 8320 | 8321 ~ 20800 | 20801 ~ 41600 |
| 2,5 μm | 0 ~ 545 | 546 ~ 1362 | 1363 ~ 2724 |
| 5,0 μm | 0 ~ 193 | 194 ~ 483 | 484 ~ 966 |
| 10,0 μm | 0 ~ 68 | 69 ~ 170 | 170 ~ 340 |

<u>Propiedades de los gases y los vapores peligrosos:</u>

Los gases, vapores inflamables y tóxicos pueden producirse en muchos sitios. Para tratar con el riesgo toxico y el peligro de explosión, sirven los sistemas de detección de gases.

Prácticamente, todos los gases y vapores siempre son peligrosos. Si los gases no existen en su composición atmosférica familiar y respirable, la respiración segura ya puede estar afectada. Cualquier gas es potencialmente peligroso, si esta licuado, comprimido o en su estado normal, lo importante es conocer su concentración.

Básicamente hay tres categorías de riesgo:

■ Ex – Riesgo de explosión por gases inflamables.

■ Ox – $O_2$ (Oxígeno).
  Riesgo de asfixia por desplazamiento de Oxígeno.
  Riesgo de aumento de la inflamabilidad por enriquecimiento en Oxígeno.

■ Tox – Riesgo de intoxicación por gases tóxicos.

Las mediciones de contaminantes en ambientes de trabajo, constituyen la única medida eficaz para poder determinar si el personal se encuentra expuesto a sustancias químicas y/o material particulado, los cuales podrían ocasionar deterioros a la salud de los trabajadores expuestos, originándoles enfermedades de índole laboral a lo largo del tiempo.

Se recomienda efectuar dichas comprobaciones en forma periódica, dado que las condiciones de trabajo pueden ir variando a lo largo del tiempo, debido a diferentes factores, como ser: cambios en las cantidades de producción, cambios en los tipos de sustancias utilizadas para fabricar un producto, modificaciones de los sistemas de ventilación de una planta, modificaciones edilicias, entre otras.

# 2. DESARROLLO.



## 2.1- MEDICIÓN DE MATERIAL PARTICULADO EN AMBIENTE

| Datos del Establecimiento |
|---|
| Razón Social: Facultad de Ciencias Agrarias de la Universidad Nacional del Nordeste (UNNE) |
| Dirección: Juan Bautista Cabral N° 2131 |
| Localidad: Corrientes |
| Provincia: Corrientes |
| CP: 3400      CUIT N°: 30 – 99900421 – 7 |

| Datos para la Medición |
|---|
| Marca, modelo y número de serie del instrumento utilizado:<br>Contador de Partículas, Marca Tenma, Modelo ST – 9880 y N° Serie 170107610 |
| Fecha del certificado de calibración del instrumento utilizado en la medición: 16/05/2022 |
| Fecha de la medición: 01/06/2022    Hora de inicio: 16:00    Hora finalización: 18:00 |
| Condiciones atmosféricas:<br>Humedad Relativa = 47,4 %<br>Temperatura = 17,4 °C<br>Presión = 1008,6 hPa |
| Horarios/turnos habituales de trabajo:<br>Miércoles de 16:00 a 20:00 |
| Describa las condiciones normales y/o habituales de trabajo:<br>Asignatura Higiene y Seguridad Industrial del Quinto Año de la Carrera de Ingeniería Industrial |
| Describa las condiciones de trabajo al momento de la medición:<br>Se realizaron mediciones de tipo ambiental en los distintos sectores de este campus, ellos son: acceso al mismo y lateral derecho del mismo. Éstas sirve para medir el número y tamaño de partículas en el aire. Los datos obtenidos sirven para medir la contaminación debido al polvo fino presente en el mismo. Para calcular los datos este aspira aire durante un tiempo que se selecciona y calcula el número y el tamaño de partículas contenidas en él. Al hacerla considera de igual manera las partículas de tamaño 0,3; 0,5; 1,0; 2,5; 5,0 y 10,0 µm. Se indica a través de una escala de colores la contaminación ambiental para una partícula del tamaño que selecciona el usuario (véase Norma ISO N° 14644 – 1: 2015 pág. N° 4); todas las mediciones realizadas están dentro del rango del color verde (permitido) de esta norma. Además, del número de partículas contadas se indican la temperatura, la humedad del aire, así como el punto de rocío calculado en base a ellas, y la temperatura de bulbo húmedo (véase Figura N° 1 pág. N° 9). |

| Documentación que se Adjuntará a la Medición |
|---|
| Plano o croquis: Anexo I (veáse Figuras N° 2 y 3 pág. N° 8) |
| Figuras: Anexo I (veáse Figuras N° 4 y 5 pág. N° 9) |

### 2.1.1- Acceso al campus (se tuvo en cuenta ésta medición para redacción del trabajo final).

Condiciones ambientales:

- ❖ Temperatura del Aire = 18,6 °C (AT)
- ❖ Humedad Relativa = 47,1 % (RH)
- ❖ Temperatura del Punto de Rocío = 7,3 °C (DP)
- ❖ Temperatura de Bulbo Húmedo = 13,2 °C (WB)
- ❖ Presión Barométrica = 1008,6 hPa
- ❖ Velocidad de Flujo = 2,83 litros/minutos

Medición material particulado:

- ❖ Canales (Tamaño) = 0,3 – 0,5 – 1,0 – 2,5 – 5,0 – 10,0 µm (ppm)
- ❖ Modo conteo de partículas = Diferencial

Resultados:

Figura N° 1

- 0,3 µm = 1315
- 0,5 µm = 669
- 1,0 µm = 125
- 2,5 µm = 12
- 5,0 µm = 3
- 10,0 µm = 5

- Cumple Norma ISO N° 14644 – 1: 2015 → Verde (Permitido).

Plano o croquis: Anexos I, II y III:

Figura N° 2

Figura N° 3

<u>Figuras: Anexo I:</u>

➤ Figuras Nº 4 y 5.

Figura Nº 4

Figura Nº 5

| Datos para la Medición |
| --- |
| <u>Marca, modelo y número de serie del instrumento utilizado:</u><br>Detector de Gases, Marca Dräger, Modelo X – am 2500 y Nº Serie 8323918 |
| <u>Fecha del certificado de calibración del instrumento utilizado en la medición:</u> 09/05/2022 |

| Fecha de la medición: 01/06/2022 | Hora de inicio: 16:00 | Hora finalización: 18:00 |
| --- | --- | --- |

| |
| --- |
| <u>Condiciones atmosféricas:</u><br>Humedad Relativa = 47,4 %<br>Temperatura = 17,4 °C<br>Presión = 1008,6 hPa |
| <u>Horarios/turnos habituales de trabajo:</u><br>Miércoles de 16:00 a 20:00 |
| <u>Describa las condiciones normales y/o habituales de trabajo:</u><br>Asignatura Higiene y Seguridad Industrial del Quinto Año de la Carrera de Ingeniería Industrial |
| <u>Describa las condiciones de trabajo al momento de la medición:</u><br>Se realizaron mediciones de tipo ambiental en los distintos sectores de este campus, ellos son: acceso al mismo y lateral derecho del mismo. Sirve para la supervisión continua de la concentración de varios gases en el aire ambiente, dicha concentración se mide en ppm (partes por millón). Medición independiente de hasta 6 gases correspondiendo con los sensores Dräger instalados. Ellos son: Oxígeno ($O_2$), Monóxido de Carbono (CO), Sulfuro de Hidrógeno ($SH_2$), Metano ($CH_4$), Dióxidos de Nitrógeno ($SO_2$) y de Azufre ($SO_2$) (véase Anexo III del Decreto Reglamentario Nº 351/79 de la Ley Nº 19587/72). |

| Documentación que se Adjuntará a la Medición |
| --- |
| Plano o croquis: Anexo II (veáse Figuras Nº 2 y 3 pág. Nº 10) |
| Figuras: Anexo II (veáse Figuras Nº 6 y 7 pág. Nº 14) |

**2.2.1- Acceso al campus (se tuvo en cuenta ésta medición para redacción del trabajo final) y lateral derecho del mismo.**

Resultados:

| MEDICIÓN DE MULTIGASES | | | | | | | | |
|---|---|---|---|---|---|---|---|---|
| [*] en ppm (partes por millón) [**] % LEL (Límite Inferior Explosividad) [***] Volumen Porcentual $O_2$ N/D (Valores No Detectados) | | CONCENTRACIONES ACEPTABLES | | REGISTRO DE MEDICIONES | | | | |
| | | | | 1 | 2 | 3 | 4 | 5 |
| PARÁMETROS | Valor Hallado | CMP | CMP – CPT | Hs.: 17:00 | Hs.: – | Hs.: – | Hs.: – | Hs.: – |
| Metano ($CH_4$) [**] | N/D | – | – | N/D | N/D | N/D | N/D | N/D |
| Oxígeno ($O_2$) [***] | 20,9 | – | – | 20,9 | N/D | N/D | N/D | N/D |
| Monóxido de Carbono (CO) [*] | N/D | 25 | – | N/D | N/D | N/D | N/D | N/D |
| Sulfuro de Hidrógeno ($S_2H$) [*] | N/D | 10 | 15 | N/D | N/D | N/D | N/D | N/D |
| Dióxido de Nitrógeno ($NO_2$) [*] | N/D | 3 | 5 | N/D | N/D | N/D | N/D | N/D |
| Dióxido de Azufre ($SO_2$) [*] | N/D | 2 | 5 | N/D | N/D | N/D | N/D | N/D |

❖ Concentración normal de Oxígeno ($O_2$) en el aire.

- Nivel normal de Oxigeno en el aire: 20,9 % Volumen

- Deficiencia ⟹ Respiración.

Combustión, oxidación, inertización:

- Nivel de alarma: 19,5 % Vol.
- Nivel crítico: 16,0 % Vol.

- Enriquecimiento ⟹ Incendio.

Equipos de oxicorte:

- Nivel de alarma: 23,5 % Volumen

❖ CMP y CMP – CPT es aplicable a gases tóxicos como: Amoníaco, Monóxido de Carbono, Cloro, Cianuro de Hidrógeno, Sulfuro de Hidrógeno, Óxido Nítrico, Dióxido de Azufre, etc.

❖ Valores Aceptados del Anexo III del Decreto Reglamentario N° 351/79 de la Ley N° 19587/72.

<u>Figuras: Anexo II:</u>

➢ Figuras N° 6 y 7.

Figura N° 6

Figura N° 7

| Datos para la Medición |
|---|
| <u>Marca, modelo y número de serie del instrumento utilizado:</u><br>Mini Medidor de Calidad Ambiental, Marca Sper Scientific y Modelo N° 850027 |
| Fecha del certificado de calibración del instrumento utilizado en la medición: 25/03/2022 |

| Fecha de la medición: 01/06/2022 | Hora de inicio: 16:00 | Hora finalización: 18:00 |
|---|---|---|

| |
|---|
| <u>Condiciones atmosféricas:</u><br>Humedad Relativa = 47,4 %<br>Temperatura = 17,4 °C<br>Presión = 1008,6 hPa |
| <u>Horarios/turnos habituales de trabajo:</u><br>Miércoles de 16:00 a 20:00 |
| <u>Describa las condiciones normales y/o habituales de trabajo:</u><br>Asignatura Higiene y Seguridad Industrial del Quinto Año de la Carrera de Ingeniería Industrial |
| <u>Describa las condiciones de trabajo al momento de la medición:</u><br>Se realizaron mediciones de tipo ambiental en los distintos sectores de este campus, ellos son: acceso al mismo y lateral derecho del mismo; cuyos factores se miden a través de: Velocidad del Aire (metros/segundos), Flujo de Aire (CMM), Viento Fresco (°C), Humedad Relativa (%), Temperatura Punto de Rocío (°C), Temperatura de Bulbo Húmedo (°C), Índice de Calor (°C), Presión Barométrica (hPa) y Altitud (metros) (véase Tabla N° 2). |

| Documentación que se Adjuntará a la Medición |
|---|
| Plano o croquis: Anexo III (veáse Figuras N° 2 y 3 pág. N° 10)<br><br>Figuras: Anexo III (veáse Figuras N° 8 y 9 pág. N° 17) |

Tabla N° 2: Índice de Calor del Departamento Nacional de Meteorología de Estados Unidos (NWS)

| Efectos del Índice de Calor (Valores de Sombra) | | |
|---|---|---|
| °C | °F | Notas |
| 27 ~ 32 | 80 ~ 90 | Precaución: La fatiga es posible con la exposición y la actividad prolongada. Continuando con la actividad podría dar lugar a calambres por calor. |
| 32 ~ 41 | 90 ~ 105 | Extrema precaución: Los calambres por calor, agotamiento por calor y son posibles. Continuando con la actividad podría dar lugar a un golpe de calor. |
| 41 ~ 54 | 105 ~ 130 | Peligro: Los calambres por calor, y el agotamiento por calor es probable; golpe de calor es probable con la actividad continuada. |
| + 54 | + 30 | Peligro extremo: El golpe de calor es inminente. |

■ La exposición a pleno sol puede aumentar los valores del índice de calor hasta en 8 °C (14 °F).

### 2.3.1- Acceso al campus (se tuvo en cuenta ésta medición para redacción del trabajo final).

<u>Resultados</u>:

- Velocidad del Aire = 0,6 metros/segundos (An)
- Flujo de Aire = 0,024 CMM (AirFL)
- Viento Fresco (Escalofrios) = 17,2 °C (CHill)
- Humedad Relativa = 50,1 % (HR)
- Temperatura del Punto de Rocío = 8,3 °C (dP)
- Temperatura de Bulbo Húmedo = 12,1 °C (WET)
- Índice de Calor = 18,1 °C (HEAT) NORMAL
- Presión Barométrica = 1008,6 hPa (bAr)
- Altitud = 38 metros (HigH)

Figuras: Anexo III:

➢ Figuras N° 8 y 9.

Figura N° 8                    Figura N° 9

# 3. CONCLUSIONES.

Se realizaron mediciones de tipo ambiental dentro de este campus para determinar las cantidades y concentraciones de partículas y multigases, así como también la calidad ambiental y que puedan ayudar a determinar si existe un problema ambiental (contaminación). Localizar el origen de estos diversos contaminantes pueden ayudar a determinar métodos eficaces de reducción de estos y a la mejora de la calidad del aire. Todas las mediciones efectuadas cumplen con la normativa vigente internacional y nacional.

# 4. REFERENCIAS.

ISO N° 14644 – 1 (2015), Norma.

Índice de Calor NWS (Departamento Nacional de Meteorología), Estados Unidos.

Higiene y Seguridad en el Trabajo (1972), Ley N° 19587, Decreto Reglamentario (1979), N° 351, Anexo III, Argentina.

SRT (Superintendencia de Riesgos del Trabajo), Página Web, www.srt.gob.ar, Argentina.

## Agradecimientos

o A mi papá Miguel y mamá Lida que me dieron la vida y me enseñaron la cultura del estudio y trabajo.

# B-TRABAJO FINAL EVALUACIÓN DE RUIDO AUDIBLE SEGÚN NORMA IRAM N° 4062/2016 (RUIDOS MOLESTOS AL VECINDARIO).

Ing. Qco. José Martín Glavas

*Campus Facultad de Ciencias Agrarias de la Universidad Nacional del Nordeste (UNNE) – Ciudad de Corrientes – Junio 2023*
*josemartinglavas18@gmail.com*

## RESUMEN

Informe técnico de evaluación de ruido audible en el Campus de la Facultad de Ciencias Agrarias de la Universidad Nacional del Nordeste (UNNE) realizado por la Asignatura Higiene y Seguridad Industrial del Quinto Año de la Carrera Ingeniería Industrial. En las mediciones se ha respetado las especificaciones técnicas de la norma IRAM N° 4062/2016 para evaluación de ruidos molestos al vecindario y los procedimientos de medición sonora. Estas mediciones se realizaron en el acceso al campus y en el pasillo acceso a aula A5, para el monitoreo de ruidos se empleó un analizador de sonido (decibelímetro), marca Sper Scientific y modelo N° 850069.

Previo al inicio de los ensayos, se verificó el correcto funcionamiento del equipamiento utilizado mediante la aplicación de un calibrador acústico. En cada posición se realizó una serie de mediciones integrada por un mínimo de lecturas, de manera de asegurar la representatividad de los resultados. Dichas lecturas correspondieron al nivel sonoro continuo equivalente ($L_{Aeq}$), evaluado en un período de 5 minutos, en decibeles compensados A (dBA) y con el instrumento posicionado en respuesta S (lenta).

El decibelímetro utilizado se coloca a una altura de entre 1,2 y 1,5 m sobre el nivel del suelo montado sobre un trípode para realizar estas mediciones. Los alumnos de esta asignatura se enfocaron al procesamiento de la información relevada en campo, y a la determinación del grado de adecuación de los niveles de ruidos generados aquí, con relación a los requerimientos normativos vigentes aplicables.

**Palabras Claves:** Evaluación, Ruido, Audible, Ambiental, Industrial.

# 1. INTRODUCCIÓN.

El ruido es uno de los contaminantes laborales y ambientales más comunes. Gran cantidad de personas se ven expuestos diariamente a niveles sonoros potencialmente peligrosos para su audición, además de sufrir otros efectos perjudiciales en su salud.

En muchos casos es técnicamente viable controlar el exceso de ruido aplicando técnicas de ingeniería acústica sobre las fuentes que lo generan.

Entre los efectos que sufren las personas expuestas al ruido:
X Pérdida de capacidad auditiva.
X Acufenos (zumbidos o pitidos).
X Interferencia en la comunicación.
X Malestar, estrés, nerviosismo.
X Trastornos del aparato digestivo.
X Efectos cardiovasculares.
X Disminución del rendimiento laboral.
X Incremento de accidentes.
X Cambios en el comportamiento social.

<u>Sonido</u>:

El sonido es un fenómeno de perturbación mecánica, que se propaga en un medio material elástico (aire, agua, metal, madera, etc.) y que tiene la propiedad de estimular una sensación auditiva.

<u>Ruido</u>:

Desde el punto de vista físico, sonido y ruido son lo mismo, pero cuando el sonido comienza a ser desagradable, cuando no se desea oírlo, se lo denomina ruido. Es decir, la definición de ruido es subjetiva.

<u>Efectos del ruido sobre la salud</u>:

Para entender los efectos del ruido es conveniente definir el término salud, según la Organización Mundial de la Salud. «La salud es un estado de completo bienestar físico, mental y social, y no solamente la ausencia de afecciones o enfermedades.» La cita procede del Preámbulo de la Constitución de la Organización Mundial de la Salud, que fue adoptada por la Conferencia Sanitaria Internacional, celebrada en Nueva York del 19 de junio al 22 de julio de 1946, firmada el 22 de julio de 1946 por los representantes de 61 Estados (Official Records of the World Health Organization, N° 2, pág. N° 100), y entró en vigencia el 7 de abril de 1948.

También es necesario comprender que el ruido también está asociado al ámbito y actividad desarrollada; puede resultar obvio pero el nivel de ruido tolerado en un salón de baile poco y nada tiene que ver con el nivel de ruido tolerado en un hospital o en una escuela. Esta circunstancia amerita que al hablar de ruido y sus efectos, sea necesario en general aclarar el ámbito donde se desarrolla la actividad y el tiempo de duración.

A los efectos del presente texto es necesario definir al Ruido Ambiental en los términos de la OMS como: *"...el ruido emitido por todas las fuentes a excepción de las áreas industriales. Las fuentes principales del ruido urbano son el tránsito automotor, ferroviario y aéreo, la construcción y obras públicas y el vecindario. Las principales fuentes de ruido en interiores son los sistemas de ventilación, máquinas de oficina, artefactos domésticos y vecinos. El ruido característico del vecindario proviene de locales, tales como restaurantes, cafeterías, discotecas, etc.; música en vivo o grabada; competencias deportivas (deportes motorizados), áreas de juegos, estacionamientos y animales domésticos, como el ladrido de los perros. Muchos países han reglamentado el ruido urbano del tránsito de aviones y autos, maquinaria de construcción y plantas industriales a través de normas de emisión y reglamentos para las propiedades acústicas de los edificios. Pero pocos países tienen reglamentos para el ruido urbano del vecindario, probablemente debido a la falta de métodos para definirlo y medirlo y la dificultad de controlarlo. En las grandes ciudades de todo el mundo, la población está cada vez más expuesta al ruido urbano debido a las fuentes mencionadas y sus efectos sobre la salud se consideran un problema cada vez más importante..."*.

*Respecto a los efectos sobre la salud la Organización Mundial de la Salud señala:*

*Interferencia en la percepción del habla.* Gran parte de la población es susceptible a interferencias en la comunicación oral y pertenece a un subgrupo vulnerable. Los más sensibles son los ancianos y las personas con problemas de audición. Incluso las deficiencias auditivas leves en la banda de alta frecuencia pueden causar problemas con la percepción del habla en un ambiente ruidoso. A partir de los 40 años, la capacidad de las personas para interpretar mensajes orales difíciles con poca redundancia lingüística se deteriora en comparación con personas de 20 a 30 años.

También se ha demostrado que los altos niveles de ruido y una mayor reverberación tienen más efectos sobre los niños (que aún no han completado la adquisición del lenguaje), que sobre los adultos jóvenes.

Cuando se escuchan mensajes complicados (en la escuela, en lengua extranjera o en una conversación telefónica), la razón de la señal en comparación con el ruido debe ser al menos de 15 dB con un nivel de voz de 50 dBA. Ese nivel de ruido corresponde en promedio a un nivel casual de voz en hombres y mujeres ubicados a un metro de distancia. En consecuencia, para una percepción clara del habla, el nivel de ruido de fondo no debe ser mayor de 35 dBA. En aulas o salas de conferencias, donde la percepción del habla es de gran importancia, o para grupos sensibles, los niveles de ruido de fondo deben ser los más bajos posibles. El tiempo de reverberación de menos de 1 segundo también es necesario para una buena comunicación oral en habitaciones más pequeñas. Para grupos sensibles, como los ancianos, se recomienda un tiempo de reverberación por debajo de 0,6 segundos para una adecuada comunicación oral, incluso en un ambiente tranquilo.

*Deficiencia auditiva.* El ruido que genera deficiencias auditivas no está restringido a situaciones ocupacionales. En los conciertos al aire libre, discotecas, deportes motorizados y de tiro, altavoces o actividades recreativas también se dan altos niveles de ruido. Otras fuentes importantes son los audífonos, así como los juguetes y fuegos artificiales que emiten ruido de impulso.

*Trastornos del sueño.* Los efectos cuantificables del ruido sobre el sueño se inician a partir de LAeq de 30 dBA. Sin embargo, mientras más intenso sea el ruido de fondo, mayor será su efecto sobre el sueño. Los grupos sensibles incluyen principalmente a los ancianos, trabajadores por turnos, personas con trastornos físicos o mentales y otros individuos con dificultades para conciliar el sueño.

El trastorno del sueño debido a sucesos de ruido intermitente aumenta con el nivel máximo de ruido. Incluso si el nivel total de ruido equivalente es bastante bajo, unos pocos sucesos de ruido con un alto nivel de presión sonora máxima afectarán el sueño. Por ende, para evitar trastornos del sueño, las normas para el ruido urbano se deben expresar en función del nivel sonoro equivalente del ruido, de los niveles máximos de ruido y del número de sucesos de ruido. Se debe observar que el ruido de baja frecuencia, por ejemplo, de los sistemas de ventilación, puede perturbar el reposo y sueño aun en niveles bajos de presión sonora.

Cuando el ruido es continuo, el nivel de presión sonora equivalente no debe exceder 30 dBA en interiores, si se desea evitar efectos negativos sobre el sueño. Incluso para el ruido con una gran proporción de sonidos de baja frecuencia, se recomienda un valor guía inferior. Cuando el ruido de fondo es bajo, el ruido por encima de 45 dB $L_{Amáx}$ debe ser limitado y para las personas sensibles se prefiere un límite mucho menor. Se cree que la mitigación del ruido en la primera parte de la noche es un medio efectivo para ayudar a las personas a conciliar el sueño. Se debe señalar que el efecto del ruido depende en parte de la naturaleza de la fuente. Un caso especial son los recién nacidos que están en incubadoras, para quienes el ruido puede causar trastornos de sueño y otros efectos sobre la salud.

*Adquisición de la lectura.* La exposición crónica al ruido durante la primera infancia puede dificultar la adquisición de la lectura y reducir la motivación. Las pruebas indican que mientras mayor sea la exposición, mayor será el daño. Existe una reciente preocupación por los cambios físicos y fisiológicos concomitantes (presión arterial y nivel de la hormona del estrés). Todavía no existe información suficiente sobre esos efectos como para establecer valores guía específicos.
Sin embargo, está claro que las guarderías infantiles y las escuelas no deben estar cerca de fuentes de ruido significativas, como las carreteras, aeropuertos y fábricas.

*Molestia.* La capacidad de un ruido para provocar molestia depende de sus características físicas, incluido el nivel de presión sonora, espectro y variaciones de esas propiedades con el tiempo. Durante el día, pocas personas se sienten altamente perturbadas por niveles de $L_{Aeq}$ por debajo de 55 dBA, y pocas se sienten moderadamente perturbadas con niveles de $L_{Aeq}$ por debajo de 50 dBA.

Los niveles de sonido durante la tarde y la noche deben ser 5 a 10 dB menos que durante el día. El ruido con componentes de baja frecuencia requiere valores guía inferiores. Para el ruido intermitente, se debe considerar el nivel máximo de presión sonora y el número de sucesos de ruido. Las guías o medidas para reducir el ruido también deben tomar en cuenta las actividades residenciales al aire libre

*Comportamiento social.* Los efectos del ruido ambiental se pueden determinar al evaluar su interferencia en el comportamiento social y otras actividades. Los ruidos urbanos que interfieren el descanso y la recreación parecen ser los más importantes. Existen pruebas consistentes de que el ruido por encima de 80 dBA reduce la actitud cooperativa y que el ruido fuerte también aumenta el comportamiento agresivo en individuos predispuestos a la agresividad.

También existe la preocupación de que los altos niveles de ruido crónico contribuyan a sentimientos de desamparo entre los escolares. Se requiere mayor investigación para elaborar guías sobre este tema y sobre los efectos cardiovasculares y mentales.

Respecto de la consideración según el lugar donde se manifieste el ruido se puede identificar en:

*Viviendas.* Los efectos del ruido en la vivienda son trastorno del sueño, molestias e interferencia en la conversación. En los dormitorios, el efecto crítico es el trastorno del sueño. Los valores guía para dormitorios son 30 dB $L_{Aeq}$ para el ruido continuo y 45 dB $L_{Amáx}$ para sucesos de ruido únicos. Los niveles inferiores de ruido pueden ser molestos según la naturaleza de la fuente. Durante la noche, los niveles de sonido en exteriores a un metro de las fachadas de las casas no deben exceder 45 dB $L_{Aeq}$ para que las personas puedan dormir con las ventanas abiertas.

Ese valor se obtuvo al suponer que la reducción del ruido exterior al pasar al interior por una ventana abierta es de 15 dB. Para conversar sin interferencia en interiores durante el día, el nivel del ruido no debe ser mayor de 35 dB $L_{Aeq}$. El nivel máximo de presión sonora se debe medir con el medidor de presión sonora fijado en "fast". Para proteger a la mayoría de las personas de ruidos muy molestos durante el día, el nivel de sonido exterior proveniente del ruido continuo no debe exceder 55 dB $L_{Aeq}$ en balcones, terrazas y áreas exteriores. Durante el día, el nivel de ruido moderadamente molesto no debe exceder 50 dB $L_{Aeq}$. Cuando resulte práctico y factible, el nivel más bajo de sonido en exteriores se debe considerar como el nivel máximo de sonido aconsejable para un nuevo evento.

*Escuelas y centros preescolares.* En las escuelas, los efectos críticos del ruido son la interferencia en la comunicación oral, disturbios en el análisis de información (por ejemplo, en la comprensión y adquisición de lectura), comunicación de mensajes y molestias. Para poder oír y comprender los mensajes orales en el salón de clase, el nivel de sonido de fondo no debe ser mayor de 35 dB $L_{Aeq}$ durante las clases. Para los niños con deficiencia auditiva, se puede requerir incluso un nivel de sonido inferior. El tiempo de reverberación en el salón de clase debe ser de 0,6 segundos y de preferencia, inferior para niños con deficiencia auditiva.

En las salas de reuniones y cafeterías escolares, el tiempo de reverberación debe ser de menos de 1 segundo. En los campos de juego, el nivel de sonido del ruido de fuentes externas no debe exceder 55 dB $L_{Aeq}$, el mismo valor dado para áreas residenciales exteriores durante el día. Para los centros preescolares se aplican los mismos efectos críticos y valores guía de las escuelas. Durante las horas de descanso en dormitorios de centros preescolares se deben aplicar los valores guía para dormitorios de viviendas.

*Hospitales.* Para la mayoría de espacios de los hospitales, los efectos críticos son trastorno del sueño, molestia e interferencia en la comunicación oral, incluidas las señales de alarma. El $L_{Amáx}$ de sucesos de sonido durante la noche no debe exceder 40 dBA en interiores. Para los pabellones de hospitales, el valor guía en interiores es de 40 dB $L_{Amáx}$ durante la noche. Durante el día y la tarde, el valor guía en interiores es de 30 dB $L_{Aeq}$. El nivel máximo se debe medir con el medidor de presión sonora fijado en "fast".

Debido a que los pacientes tienen menor capacidad para enfrentar el estrés, el nivel $L_{Aeq}$ no debe ser mayor de 35 dB en la mayoría de habitaciones donde se trata y revisa a los pacientes. Se debe prestar atención a los niveles de sonido en las unidades de cuidados intensivos y en las salas de operaciones. Las incubadoras con sonidos en el interior pueden generar problemas de salud a los recién nacidos, incluidos trastorno del sueño y deficiencia auditiva. Se requiere mayor investigación para establecer valores guía de sonido en incubadoras.

*Ceremonias, festivales y eventos recreativos.* En muchos países se realizan ceremonias, festivales y eventos regulares para celebrar ciertos acontecimientos. Por lo general, esos sucesos producen sonidos fuertes, incluida la música y sonidos de impulso. Existe preocupación respecto al efecto de la música fuerte y sonidos de impulso en los jóvenes que asisten frecuentemente a conciertos, discotecas, salas de video, cines, parques de diversión y eventos al aire libre. En esos eventos, el nivel de sonido generalmente sobrepasa los 100 dB $L_{Aeq}$. Esa exposición podría generar deficiencia auditiva significativa después de asistencias frecuentes.

En esos locales se debe reglamentar la exposición ocupacional de los empleados y como mínimo, se deben aplicar las mismas normas a los clientes. Los clientes no deben estar expuestos a niveles de sonido por encima de 100 dB $L_{Aeq}$ durante un período de cuatro horas más de cuatro veces al año. Para evitar la deficiencia auditiva aguda, el $L_{Amáx}$ siempre debe estar por debajo de 110 dB.

*Audífonos.* Para evitar deficiencias auditivas provocadas por música a través de audífonos en adultos y niños, el nivel de sonido equivalente durante 24 horas no debe exceder 70 dBA. Eso implica que, para una exposición diaria de una hora, el nivel $L_{Aeq}$ no debe ser mayor de 85 dBA. Para evitar deficiencias auditivas agudas, el $L_{Amáx}$ siempre debe estar por debajo de 110 dBA. Las exposiciones se expresan con el nivel de sonido equivalente en el campo libre.

*Juguetes, fuegos artificiales y armas de fuego.* Para evitar un daño mecánico agudo en el oído interno provocado por sonidos de impulso de juguetes, fuegos artificiales y armas de fuego, los adultos nunca deben estar expuestos a niveles de presión sonora de más de 140 dBA. Para los niños cuando juegan, la presión sonora máxima producida por los juguetes no debe exceder 120 dBA, medida cerca del oído (100 mm). Para evitar deficiencias auditivas agudas, el $L_{Amáx}$ siempre debe estar por debajo de 110 dBA.

*Parques y áreas de conservación.* Se deben preservar las áreas exteriores tranquilas y mantener una proporción baja de señal en relación con el ruido.


## 2. ECUACIONES Y TABLAS.

La evaluación del ruido se realiza según la norma IRAM N° 4062/2016 (ruidos molestos al vecindario) a partir de la medición del nivel sonoro continuo equivalente ($L_{Aeq}$), tiempo de respuesta S (slow: lenta), para los horarios de referencia, afectado para los factores de corrección:

$L_{Aeq} = 10.log((1/T).\sum(t_i.10^{(Li/10)}))$ *(Medido por el decibelímetro)*

Con:

$L_i$ nivel sonoro medido, $t_i$ intervalo de medición con ruido constante, T período total de medición.

*Corrección por carácter tonal y/o impulsivo: $K_I$*
*Nivel de evaluación corregido: $L_E = L_{Aeq} + K_I$*
*Nivel de ruido de fondo: $L_F$*
*Nivel sonoro calculado $L_C$: $L_C = L_b + K_z + K_u + K_h$*

Con:

*Nivel básico (en decibeles compensados A): $L_b = 40\ dBA$*
*Factor de corrección por tipo de zona: $K_z$*
*Factor de corrección por ubicación en el espacio a ser evaluado: $K_u$*
*Factor de corrección por horario: $K_h$*

Tabla N° 1 – Término de penalización K (ruido residual)

| $K_T + K_I + K_{BF}$ [dBA] | K [dBA] |
|---|---|
| 0 | 0 |
| 5 | 5 |
| 7 | 6 |
| 10 | 6 |
| 12 | 7 |
| 15 | El ruido es MOLESTO |
| 17 | El ruido es MOLESTO |

Tabla N° 2 – Valores del término de corrección, $K_z$

| Zona | Tipo | Término de corrección, $K_z$ [dBA] |
|---|---|---|
| Hospitalaria, rural residencial | 1 | -5 |
| Suburbana con poco tránsito | 2 | 0 |
| Urbana residencial | 3 | 5 |
| Residencial urbana con alguna industria liviana o rutas principales* | 4 | 10 |
| Centro comercial o industrial intermedio entre los tipos 4 y 6 | 5 | 15 |
| Predominantemente industrial, con pocas viviendas | 6 | 20 |
| * Una zona residencial urbana con industria liviana que trabaja sólo durante el día será tipo 3. | | |

Tabla Nº 3 – Valores del término de corrección, $K_u$

| Ubicación en la finca | Término de corrección, $K_u$ [dBA] |
|---|---|
| Interiores: locales linderos con la vía pública | 0 |
| Locales no linderos con la vía pública | -5 |
| Exteriores: áreas descubiertas no linderas con la vía pública. Por ejemplo: jardines, terrazas, patios, etc. | 5 |

Tabla Nº 4 – Valores del término de corrección, $K_h$

| Período | Término de corrección, $K_h$ [dBA] |
|---|---|
| Días hábiles: de 08:00 a 20:00 hs<br>Sábados: de 08:00 a 14:00 hs | 5 |
| Días hábiles: de 06:00 a 08:00 hs y de 20:00 a 22:00<br>Sábados: de 14:00 a 22:00 hs<br>Domingos y días feriados: de 06:00 a 22:00 hs | 0 |
| Noche: de 22:00 a 06:00 hs | -5 |

<u>Calificación del ruido</u>:

$L_E - L_C < 8\ dBA$ ➔ *Ruido no molesto*

$L_E - L_C \geq 8\ dBA$ ➔ *Ruido molesto*

<u>Horarios de referencia</u>:

La base de la evaluación es la caracterización del ruido a lo largo de tres horarios de referencia cuyas horas de comienzo y finalización, a los fines de esta norma, son los siguientes:

| | |
|---|---|
| Horarios diurno | Días hábiles: de 08:00 a 20:00 hs<br>Sábados: de 08:00 a 14:00 hs |
| Horarios de descanso | Días hábiles: de 06:00 a 08:00 hs y de 20:00 a 22:00 hs<br>Sábados: de 14:00 a 22:00 hs<br>Domingos y días feriados: de 06:00 a 22:00 hs |
| Horario nocturno | Noche: de 22:00 a 06:00 hs |

## 3. DESARROLLO.

Aquí se ha respetado las especificaciones técnicas de la norma IRAM Nº

4062/2016 para evaluación de ruidos molestos al vecindario y los procedimientos de medición sonora. El sensor de sonido (decibelímetro) utilizado se coloca en un trípode a una altura de entre 1,2 y 1,5 m sobre el nivel del suelo para realizar estas mediciones. Los alumnos de esta asignatura se enfocaron al procesamiento de la información relevada en campo, y a la determinación del grado de adecuación de los niveles de ruidos generados aquí, con relación a los requerimientos normativos vigentes aplicables (véase pág. N° 17).

## Datos del Establecimiento

<u>Razón Social</u>: Facultad de Ciencias Agrarias de la Universidad Nacional del Nordeste (UNNE)

<u>Dirección</u>: Juan Bautista Cabral N° 2131

<u>Localidad</u>: Corrientes

<u>Provincia</u>: Corrientes

<u>CP</u>: 3400    |    <u>CUIT N°</u>: 30 – 99900421 – 7

## Datos para la Medición

<u>Marca, modelo y número de serie del instrumento utilizado</u>:
Analizador de sonido (decibelímetro), Marca Sper Scientific, Modelo N° 850069 y N° Serie AI13028. Cumple con las siguientes Normas: IEC 61872 – 1:2002 Clase 2, IEC 61260:1995 Clase 2, ANSI S1.11 – 2004 Clase 2, ANSI S1.4 – 1983 Tipo 2

Fecha del certificado de calibración del instrumento utilizado en la medición: 27/03/2023

Fecha de la medición: 07/06/2023    |    Hora de inicio: 17:00    |    Hora finalización: 19:00

<u>Condiciones atmosféricas</u>:
Humedad Relativa = 79,0 %
Temperatura = 24,0 °C
Presión = 1007,6 hPa

<u>Horarios/turnos habituales de trabajo</u>:
Miércoles de 16:00 a 20:00

<u>Describa las condiciones normales y/o habituales de trabajo</u>:
Asignatura Higiene y Seguridad Industrial del Quinto Año de la Carrera de Ingeniería Industrial

<u>Describa las condiciones de trabajo al momento de la medición</u>:
Se realizaron mediciones de tipo ambiental en los distintos sectores de este campus, ellos son: acceso al mismo y pasillo acceso a aula A5 (véase pág. N° 17).

## Documentación que se Adjuntará a la Medición

Plano o croquis: Anexo I (veáse Figura N° 1 pág. N° 26)

Figuras: Anexo II (veáse Figuras N° 2, 3 y 4 pág. N° 27)

## 3.1- Resultados.

- $K_I = 0$ si no se presenta características tonales y/o impulsivas
- $K_z = 5$ dBA (zona: urbana residencial, tipo 3; véase Tabla N° 2 pág. 26)
- $K_u = 5$ dBA (áreas exteriores; véase Tabla N° 3 pág. 27)
- $K_h = 5$ dBA para horarios diurnos (días hábiles: de 08:00 a 20:00 hs – sábados: de 08:00 a 14:00 hs; véase Tabla N° 4 pág. 27)
- $L_{Aeq1} = 61,8$ dBA (acceso al campus)
- $L_{Aeq2} = 58,7$ dBA (pasillo acceso a aula A5)

<u>Evaluación de ruido audible diurno:</u>

$$L_{E1} = L_{Aeq1} + K_I = 61,8 + 0 = 61,8 \text{ dBA}$$
$$L_{E2} = L_{Aeq2} + K_I = 58,7 + 0 = 58,7 \text{ dBA}$$

$$L_C = L_b + K_z + K_u + K_h = 40 + 5 + 5 + 5 = 55 \text{ dBA}$$

■ $L_{E1} - L_C = 61,8 - 55 = 6,8$ dBA < 8 dBA → RUIDO NO MOLESTO

■ $L_{E2} - L_C = 58,7 - 55 = 3,7$ dBA < 8 dBA → RUIDO NO MOLESTO

<u>Anexo I:</u>

Figura N° 1

➤ Figuras Nº 2, 3 y 4.

Figura Nº 2

Figura Nº 3

Figura Nº 4

## 4. CONCLUSIONES.

Se realizaron mediciones de tipo ambiental dentro de este campus (acceso al mismo y pasillo acceso a aula A5) para determinar las cantidades del nivel sonoro continuo equivalente (ruido audible diurno) medido por el decibelímetro y que puedan ayudar a determinar si existe un problema ambiental (contaminación acústica) dentro de la facultad. De acuerdo a los resultados obtenidos en ambos puntos, los valores son menores a 8 dBA considerados ruidos no molestos al vecindario; por lo tanto, se cumple con la norma IRAM N° 4062/2016.

## 5. REFERENCIAS.


Instituto Argentino de Normalización y Certificación (IRAM) N° 4062/2016, Norma.
Higiene y Seguridad en el Trabajo (1972), Ley N° 19587, Decreto Reglamentario (1979), N° 351, Argentina.
SRT (Superintendencia de Riesgos del Trabajo), Página Web, www.srt.gob.ar, Argentina.
Manual de Operación, Medidor de Calidad Ambiental con Sonido, Marca Sper Scientific, Modelo N° 850069, N° Serie AI13028, Estados Unidos.


**Agradecimientos**

o A mi papá Miguel y mamá Lida que me dieron la vida y me enseñaron la cultura del estudio y trabajo.

# C- TRABAJO FINAL EVALUACIÓN DE CARGA TÉRMICA SEGÚN LEY DE HIGIENE Y SEGURIDAD EN EL TRABAJO Nº 19587/72 Y SU DECRETO REGLAMENTARIO Nº 351/79.


Ing. Qco. José Martín Glavas

*Campus Facultad de Ciencias Agrarias de la Universidad Nacional del Nordeste (UNNE) – Ciudad de Corrientes – Junio 2024*
*josemartinglavas18@gmail.com*


## RESUMEN


Informe técnico de evaluación de carga térmica en el Campus de la Facultad de Ciencias Agrarias de la Universidad Nacional del Nordeste (UNNE) realizado por la Asignatura Higiene y Seguridad Industrial del Quinto Año de la Carrera Ingeniería Industrial. En las mediciones se ha respetado las especificaciones técnicas del Anexo II, Artículo Nº 60, Capítulo Nº 8 Carga Térmica de la Ley Nº 19587/1972 de Higiene y Seguridad en el Trabajo y su Decreto Reglamentario Nº 351/1979 de la República Argentina. Dado a que la exposición al calor es capaz de generar reacciones patológicas en el cuerpo humano, se debe estar en condiciones de realizar una evaluación de la exposición a la carga térmica; la valoración de ambos, el estrés térmico y la tensión térmica, puede utilizarse para evaluar el riesgo de la salud y seguridad de las personas. Estas mediciones se realizaron en el Decanato (ambiente cerrado) y en el Acceso a Sala de Proyecciones (ambiente abierto), se empleó un monitor de carga térmica, marca Tenmars y modelo Nº TM – 1880.

Para determinar la ubicación (altura) del equipo y número de lecturas, se debe comprobar la homogeneidad de la temperatura en los alrededores del puesto de trabajo a distintas alturas (desde nivel de piso), tomando tres lecturas de preferencia en forma simultánea utilizando trípode y extensiones:

a) Lectura 1: 1,7 metros (Acceso a Sala de Proyecciones Posición Parado).
b) Lectura 2: 1,1 metros (Decanato Posición Sentado).

Los alumnos de esta asignatura se enfocaron al procesamiento de la información relevada en campo, con relación a los requerimientos normativos vigentes aplicables.

**Palabras Claves:** Evaluación, Carga, Térmica, Salud, Seguridad.

# 1- INTRODUCCIÓN.

ANEXO II – Artículo N° 60 – Capítulo N° 8 Carga Térmica – Decreto N° 351/1979

## 1.1- Instrumental a emplear.

Los aparatos que se enumeran a continuación constituyen un conjunto mínimo para la evaluación de la carga térmica, sin excluir otros que puedan cumplir eficientemente los mismos objetivos, siempre que sus resultados sean comprobables con los obtenidos con la metodología fijada por esta Reglamentación.

### 1.1.1- Globotermómetro.

Se medirá con éste la temperatura del globo y consiste en una esfera hueca de cobre, pintada de color negro mate, con un termómetro o termocupla inserto en ella, de manera que el elemento sensible esté ubicado en el centro de la misma, con espesor de paredes de 0,6 mm y un diámetro de 150 mm aproximadamente. Se verificará la lectura del mismo cada 5 minutos, leyendo su graduación a partir de los primeros 20 minutos hasta obtener una lectura constante.

### 1.1.2- Termómetro de bulbo húmedo natural.

Se medirá con éste la temperatura de bulbo húmedo natural y consiste en un termómetro cuyo bulbo estará recubierto por un tejido de algodón. Este deberá mojarse en agua destilada durante no menos de media hora antes de efectuar la lectura, se prolongará aproximadamente una longitud igual a la del bulbo y estará sumergido en un recipiente conteniendo agua destilada.

## 1.2- Estimación del calor metabólico.

Se realiza por medio de tablas según la posición en el trabajo y el grado de actividad.

Se considerará el calor metabólico (M) como la sumatoria del metabolismo basal (MB), y las adiciones derivadas de la posición (MI) y del tipo de trabajo (MII), por lo que:

$$M = MB + MI + MII$$

En donde:

### 1.2.1- Metabolismo basal (MB).

Se considerará a MB = 70 W

### 1.2.2- Adición derivada de la posición (MI).

| Posición del cuerpo | MI (W) |
|---|---|
| Acostado o sentado | 21 |
| De pie | 42 |
| Caminando | 140 |
| Subiendo pendiente | 210 |

### 1.2.3- Adición derivada del tipo de trabajo.

| Tipo de trabajo | MII (W) |
|---|---|
| Trabajo manual ligero | 28 |
| Trabajo manual pesado | 63 |
| Trabajo con un brazo: Ligero | 70 |
| Trabajo con un brazo: Pesado | 126 |
| Trabajo con ambos brazos: Ligero | 105 |
| Trabajo con ambos brazos: Pesado | 175 |
| Trabajo con el cuerpo: Ligero | 210 |
| Trabajo con el cuerpo: Moderado | 350 |
| Trabajo con el cuerpo: Pesado | 490 |
| Trabajo con el cuerpo: Muy pesado | 630 |

LÍMITES PERMISIBLES PARA LA CARGA TÉRMICA

Valores dados en °C – TGBH

| Régimen de trabajo y descanso | Tipo de trabajo | | |
|---|---|---|---|
| | Liviano (menos de 230 W) | Moderado (230 – 400 W) | Pesado (más de 400 W) |
| Trabajo continuo | 30,0 | 26,7 | 25,0 |
| 75 % trabajo y 25 % descanso, cada hora | 30,6 | 28,0 | 25,9 |
| 50 % trabajo y 50 % descanso, cada hora | 31,4 | 29,4 | 27,9 |
| 25 % trabajo y 75 % descanso, cada hora | 32,2 | 31,1 | 30,0 |

Trabajo continuo: Ocho horas diarias (48 horas semanales).

Si el lugar de descanso determina un índice menor de 24 °C (TGBH) el régimen de descanso puede reducirse en un 25 %.

Conversión: Kcal/h = 1,163 Watt

## 1.3- Evaluación de la carga térmica.

A efectos de evaluar la exposición de los trabajadores sometidos a carga térmica, se calculará el Índice de la Temperatura Globo Bulbo Húmedo (TGBH).

Este cálculo partirá de las siguientes ecuaciones:

a- Para lugares interiores o exteriores sin carga solar TGBH = 0,7 TBH + 0,3 TG.
b- Para lugares exteriores con carga solar TGBH = 0,7 TBH + 0,2 TG + 0,1 TBS.

Donde:

TGBH: Índice de temperatura globo bulbo húmedo.

TBH: Temperatura del bulbo húmedo natural.

TBS: Temperatura del bulbo seco.

TG: Temperatura del globo.

Las situaciones no cubiertas por la presente reglamentación, serán resueltas por la autoridad competente de acuerdo con la mejor información disponible.

## 2- DESARROLLO.

<table>
<tr><td colspan="2" align="center">INFORME TÉCNICO DE EVALUACIÓN DE CARGA TÉRMICA</td></tr>
</table>

<table>
<tr><td colspan="2" align="center">Datos del Establecimiento</td></tr>
<tr><td colspan="2"><u>Razón Social</u>: Facultad de Ciencias Agrarias de la Universidad Nacional del Nordeste (UNNE)</td></tr>
<tr><td colspan="2"><u>Dirección</u>: Juan Bautista Cabral N° 2131</td></tr>
<tr><td colspan="2"><u>Localidad</u>: Corrientes</td></tr>
<tr><td colspan="2"><u>Provincia</u>: Corrientes</td></tr>
<tr><td><u>CP.</u> 3400</td><td><u>CUIT N°</u>: 30 – 99900421 – 7</td></tr>
</table>

<table>
<tr><td colspan="3" align="center">Datos para la Medición</td></tr>
<tr><td colspan="3"><u>Marca, modelo y número de serie del instrumento utilizado</u>:<br>Monitor de Carga Térmica, Marca Tenmars, Modelo TM – 1880 y N° Serie 180700515</td></tr>
<tr><td colspan="3">Fecha del certificado de calibración del instrumento utilizado en la medición: 19/01/2024</td></tr>
<tr><td>Fecha de la medición: 12/06/2023</td><td>Hora de inicio: 16:00</td><td>Hora finalización: 18:00</td></tr>
<tr><td colspan="3"><u>Condiciones atmosféricas</u>:<br>Humedad Relativa = 62,2 %<br>Temperatura = 26,4 °C<br>Presión = 1004,1 hPa</td></tr>
<tr><td colspan="3"><u>Horarios/turnos habituales de trabajo</u>:<br>Miércoles de 16:00 a 20:00</td></tr>
<tr><td colspan="3"><u>Describa las condiciones normales y/o habituales de trabajo</u>:<br>Asignatura Higiene y Seguridad Industrial del Quinto Año de la Carrera de Ingeniería Industrial</td></tr>
<tr><td colspan="3"><u>Describa las condiciones de trabajo al momento de la medición</u>:<br>Se realizaron mediciones en los distintos sectores de este campus, ellos son: Acceso a Sala de Proyecciones y Decanato Posición Sentado (véase pág. N° 43).</td></tr>
</table>

<table>
<tr><td colspan="2" align="center">Documentación que se Adjuntará a la Medición</td></tr>
<tr><td colspan="2">Plano o croquis: Anexo I (véase Figura N° 1 pág. N° 44)</td></tr>
<tr><td colspan="2">Figuras: Anexo II (véase Figuras N° 2, 3 y 4 pág. N° 45)</td></tr>
</table>

## 2.1- Estrategias de muestreo.

Los puestos de trabajo muestreados, el número y duración de las mediciones y el equipo utilizado, se han seleccionado de acuerdo:

• Información aportada por los trabajadores (personal docente y no docente de la facultad).
• La descripción de tareas y los tiempos de exposición facilitados por la institución.
• El criterio técnico en función de la normativa vigente.

## 2.2- Especificaciones de la medida:

a) Lectura 1: 1,7 metros ((Acceso a Sala de Proyecciones Posición Parado).
b) Lectura 2: 1,1 metros (Decanato Posición Sentado).

## 2.3- Estimación del calor metabólico por puesto de trabajo.

### 2.3.1- Acceso a Sala de Proyecciones Posición Parado.

Condiciones ambientales:

❖ Humedad Relativa = 60,5 %
❖ Temperatura del Aire = 26,5 °C

$$M = MB + MI + MII$$

Donde:

$$MB = 70 \text{ W}, MI = 42 \text{ W y } MII = 105 \text{ W}$$

$$M = (70 + 42 + 105)\,W = 217\,W$$

### 2.3.2- Decanato Posición Sentado.

Condiciones ambientales:

❖ Humedad Relativa = 63,8 %
❖ Temperatura del Aire = 26,3 °C

$$M = MB + MI + MII$$

Donde:

$$MB = 70 \text{ W}, MI = 21 \text{ W y } MII = 105 \text{ W}$$

$$M = (70 + 21 + 105)\, W = 196\, W$$

Decreto N° 351/79 – ANEXO III – TABLA 2 – Criterios de selección para la exposición al estrés térmico (Valores TGBH en °C)

| Exigencias de trabajo | Aclimatado | | | Sin aclimatar | | | |
|---|---|---|---|---|---|---|---|
| | Ligero | Moderado | Muy pesado | Ligero | Moderado | Pesado | Muy pesado |
| 100 % trabajo | 29,5 | 27,5 | – | 27,5 | 25 | 22,5 | – |
| 75 % trabajo 25 % descanso | 30,5 | 28,5 | | 29 | 26,5 | 24,5 | |
| 50 % trabajo 50 % descanso | 31,5 | 29,5 | 27,5 | 30 | 28 | 26,5 | 25 |
| 25 % trabajo 75 % descanso | 32,5 | 31 | 29,5 | 31 | 29 | 28 | 26,5 |

TABLA 3: EJEMPLOS DE ACTIVIDADES DENTRO DE LAS CATEGORÍAS DE
GASTO ENERGÉTICO

| Categorías | Ejemplos de actividades |
|---|---|
| Reposada | - Sentado sosegadamente.<br><br>- Sentado con movimiento moderado de losbrazos. |
| Ligera | - Sentado con movimientos moderados debrazos y piernas.<br><br>- De pie, con un trabajo ligero o moderado en una máquina o mesa utilizando principalmentelos brazos.<br><br>- Utilizando una sierra de mesa.<br><br>- De pie, con trabajo ligero o moderado en una máquina o banco y algún movimiento a su alrededor. |

## INFORME TÉCNICO DE EVALUACIÓN DE CARGA TÉRMICA

Razón Social: Facultad de Ciencias Agrarias de la Universidad Nacional del Nordeste (UNNE) | CUIT N°: 30 – 99900421 – 7

Domicilio: Juan Bautista Cabral N° 2131 | Localidad: Corrientes | CP: 3400 | Provincia: Corrientes

| Punto de Medición | Sector | Temperatura Bulbo Seco (TBS) [°C] | Temperatura Globo (TG) [°C] | Temperatura Bulbo Húmedo (TBH) [°C] | Temperatura Globo Bulbo Húmedo (TGBH) [°C] Interior/Exterior | Valor de Referencia TGBH según Tabla 2 | Categoría y Actividad según Tabla 3 | Cumple (SI/NO) |
|---|---|---|---|---|---|---|---|---|
| Acceso a Sala de Proyecciones Posición Parado | A 1,7 metros | 26,5 | 26,4 | 21,0 | 22,7 (Exterior) | 30,5 | Ligera | SI |
| Decanato Posición Sentado | A 1,1 metros | 26,3 | 26,2 | 21,4 | 22,9 (Interior) | 30,5 | Ligera | SI |

Instituto de Botánica del Nordeste
Comedor del Campus Sargento Cabral
1
2
Juan Bautista Cabral
Cajero Banco Patagoni

Figura N° 1

<u>Figuras: Anexo II</u>:

- ➢ Figuras Nº 2 y 3.

Figura Nº 2                                    Figura Nº 3

# 3- CONCLUSIONES.

**3.1-** A 1,7 metros (Acceso Sala de Proyecciones Posición Parado).

M = 217 W (calor metabólico)

| Régimen de trabajo y descanso | Tipo de trabajo |
| --- | --- |
| | Liviano (menos de 230 W) |
| Trabajo continuo | 30,0 |
| 75 % trabajo y 25 % descanso, cada hora | 30,6 |
| 50 % trabajo y 50 % descanso, cada hora | 31,4 |
| 25 % trabajo y 75 % descanso, cada hora | 32,2 |

TBGH (°C) hallado por debajo del valor de referencia TBGH (aclimatado y ligero) según Tabla 2 y con categorías (ligera) y actividades (de pie, con trabajo ligero o moderado en una máquina o banco y algún movimiento a su alrededor) según Tabla 3.

**3.2-** A 1,1 metros (Decanato Posición Sentado).

M = 196 W (calor metabólico)

| Régimen de trabajo y descanso | Tipo de trabajo |
| --- | --- |
| | Liviano (menos de 230 W) |
| Trabajo continuo | 30,0 |
| 75 % trabajo y 25 % descanso, cada hora | 30,6 |
| 50 % trabajo y 50 % descanso, cada hora | 31,4 |
| 25 % trabajo y 75 % descanso, cada hora | 32,2 |

TBGH (°C) hallado por debajo del valor de referencia TBGH (aclimatado y ligero) según Tabla 2 y con categorías (ligera) y actividades (sentado con movimientos moderados de brazos y piernas) según Tabla 3.

# 4. REFERENCIAS.

Higiene y Seguridad en el Trabajo (1972), Ley N° 19587, Decreto Reglamentario (1979), N° 351, Argentina.
SRT (Superintendencia de Riesgos del Trabajo), Página Web, www.srt.gob.ar, Argentina.
Manual de Operación, Monitor de Carga Térmica, Marca Tenmars, Modelo TM – 1880 y N° Serie 180700515, Taiwán.


## Agradecimientos

o A mi papá Miguel y mamá Lida que me dieron la vida y me enseñaron la cultura del estudio y trabajo.

Buy your books fast and straightforward online - at one of world's fastest growing online book stores! Environmentally sound due to Print-on-Demand technologies.

Buy your books online at
**www.morebooks.shop**

¡Compre sus libros rápido y directo en internet, en una de las librerías en línea con mayor crecimiento en el mundo! Producción que protege el medio ambiente a través de las tecnologías de impresión bajo demanda.

Compre sus libros online en
**www.morebooks.shop**

Printed by Books on Demand GmbH, Norderstedt / Germany